·力学分册·

我很给“力”，无所不在

小牛顿很忙

马丁 / 编著
狸猫 / 绘图

给孩子的物理启蒙漫画

·北京·

图书在版编目（CIP）数据

我很给“力”，无所不在 / 马丁编著；狸猫绘图. —北京：化学工业出版社，2024. 1
（小牛顿很忙：给孩子的物理启蒙漫画）
ISBN 978-7-122-44499-8

Ⅰ. ①我… Ⅱ. ①马… ②狸… Ⅲ. ①力学-儿童读物 Ⅳ. ①O3-49

中国国家版本馆CIP数据核字（2023）第225774号

责任编辑：潘 清　　　　责任校对：边 涛

出版发行：化学工业出版社（北京市东城区青年湖南街13号 邮政编码100011）
印 装：北京宝隆世纪印刷有限公司
787mm × 1092mm 1/16 印张5 字数80千字 2024年5月北京第1版第1次印刷

购书咨询：010-64518888　　　　售后服务：010-64518899
网 址：http://www.cip.com.cn
凡购买本书，如有缺损质量问题，本社销售中心负责调换。

定 价：35.00元

致亲爱的小朋友们

亲爱的小朋友们，你们听说过“力”吗？

每天早上起床时，不管是自己起，还是妈妈“帮”我们起，必须用力才能起来；吃早饭时，需要用力拿住筷子才能夹起食物；上学路上，双脚必须用力才能前进或者跳跃；上课写字时，笔尖要给纸足够的力才能写出痕迹；课间玩耍时，不管是足球、篮球、乒乓球、毽子……都需要用力，我们才能够控制它。

在人类创造的各种奇迹里，也处处充满了对“力”的利用。比如巨轮启航需要力、火箭升空需要力、潜入深海需要力、摩天大楼的稳固需要力，就连游乐场里的各种游戏项目，也多是对“力”的巧妙利用。“力”简直无处不在！

那么到底什么是“力”？“力”有什么作用？“力”有哪些表现形式？人们又是怎样巧妙利用力的呢？别急，本书将为大家一一揭秘。请大家带上好奇心，跟随本书的主人公小艾和天天，一起去探索物理中的力学世界吧！

一、本套书的编排顺序属笔者精心设计，最好顺次阅读哟！

二、遇到思考题时，可以停下来和爸爸、妈妈一起讨论，建议不要直接看答案，因为“思考讨论”的过程远比“知道答案”更重要。

三、如果需要动手实验，请邀请家长陪同，安全第一。

四、每一节的最后都设置了针对本章节核心内容的知识大汇总，便于日后总结归纳。

五、完成学习后，可以从书本最后一页获取奖励徽章。

创作者简介

作者 **马丁**

中国科学院物理学博士，原北京、深圳学而思骨干物理教师，拥有十多年中考、高考、竞赛以及低年级兴趣实验课教学经验，一直秉承着展现物理之美、激发学习兴趣、培养良好习惯的教学理念。他的课程深受广大学生、家长好评，自媒体平台上的物理教学课程浏览量超百万。

绘图 **狸猫**

90 后青年漫画师，作品以儿童科普漫画为主，创作风格清新活泼、温暖治愈，深受大小朋友们的喜爱，自媒体平台点赞量过百万。

角色介绍

主演阵容

天天

一个内向的男孩，爱思考，不善言谈，后来逐渐变得主动起来，而且表达能力也越来越强了。

小艾

一个活泼的小女孩，好奇心重，做事略显急躁，有时候说话不经过思考，后来逐渐变得没那么急躁了，也能够全面看待问题了。

爸爸

一位博学多才的工程师，爱读书，爱钻研，有耐心，做事有计划性。

助演阵容

小力人

一名小牛顿物理游乐园的向导，本领高强，在本书中发挥了巨大的作用，带领天天和小艾学习了很多力学知识。

滑轮

小牛顿物理游乐园的一名演员，别看它又小又可爱，它可有力气了，拉动几千斤的大象不在话下。

泥泥和皮皮

它们既是小牛顿物理游乐园的演员，也是我们生活中常见的用具——橡皮泥，它们变化多端，能塑造出各种造型，经常配合小力人参加各类演出。

绳子

滑轮的助手，它与滑轮可以组成不同数量、不同性能的定滑轮、动滑轮、滑轮组。只有在它的协助下，滑轮才能够发挥作用，拉起千斤的重物，它可是滑轮的得力帮手。

目录

成为小小物理学家的第一步

保持好奇

难道我们脚下的大地，
真的是一个球？
是呀！人们都从
太空中直接看到了。

那就奇怪了，如果真是
这样的话，地球下面的人
不就要掉下去了吗？
是啊，这到底
是怎么回事呢？
?
这是由于有万有引力啊！
不过说来话长……
万有引力？好像在
哪儿听说过……
爸爸，您快点儿
给我们讲讲吧！

古埃及人观察星空
中国古代浑天仪
咱们人类自古就对星空
非常好奇，几千年来人们坚持不懈
地观察着星空。
伽利略用望远镜观察星空

经过不懈的努力，科学家们
终于发现，咱们的地球，还有
水星、金星、火星等行星都是
绕着太阳转的。但人们依然不明白
这些小星体为什么不直接飞走，
而是要绕着大星体转圈圈，
直到一个人的出现……

这个人就是伟大的物理学家牛顿。
他发现，因为太阳吸引着地球，才使得
地球绕着太阳转，而地球又吸引着月亮，
所以才没让月亮飞走，这种
吸引力就叫作“万有引力”。
月球
地球
地球对月球的引力
这就好像我拉着链球转圈，
如果松手，拉力没了，
链球就会飞出去。
引力使苹果落向地面
万有引力
牛顿还发现，地球不光对月亮
有引力，它还对地面附近的一切东西
都有引力，所以这种引力才会被称为“万有引力”。

地球对附近物体的万有引力有时也叫“重力”，
它使我们能够感觉到物体的轻重。

万有引力是星体运动、甚至宇宙演化的决定力量，牛顿使人类对宇宙的认识前进了一大步，他也是历史上最厉害的物理学家之一。
牛顿好厉害呀！
物理学家？什么是物理呀？
正好我这有两张门票给你们，至于物理是什么，你们还是自己去探索吧！
小牛顿
物理游乐园门票
物理
Permission to pass

知识大汇总

小朋友们，通过这一节的学习，我们认识了牛顿和他的“万有引力”定律，现在，我们画个思维导图来加深记忆吧！

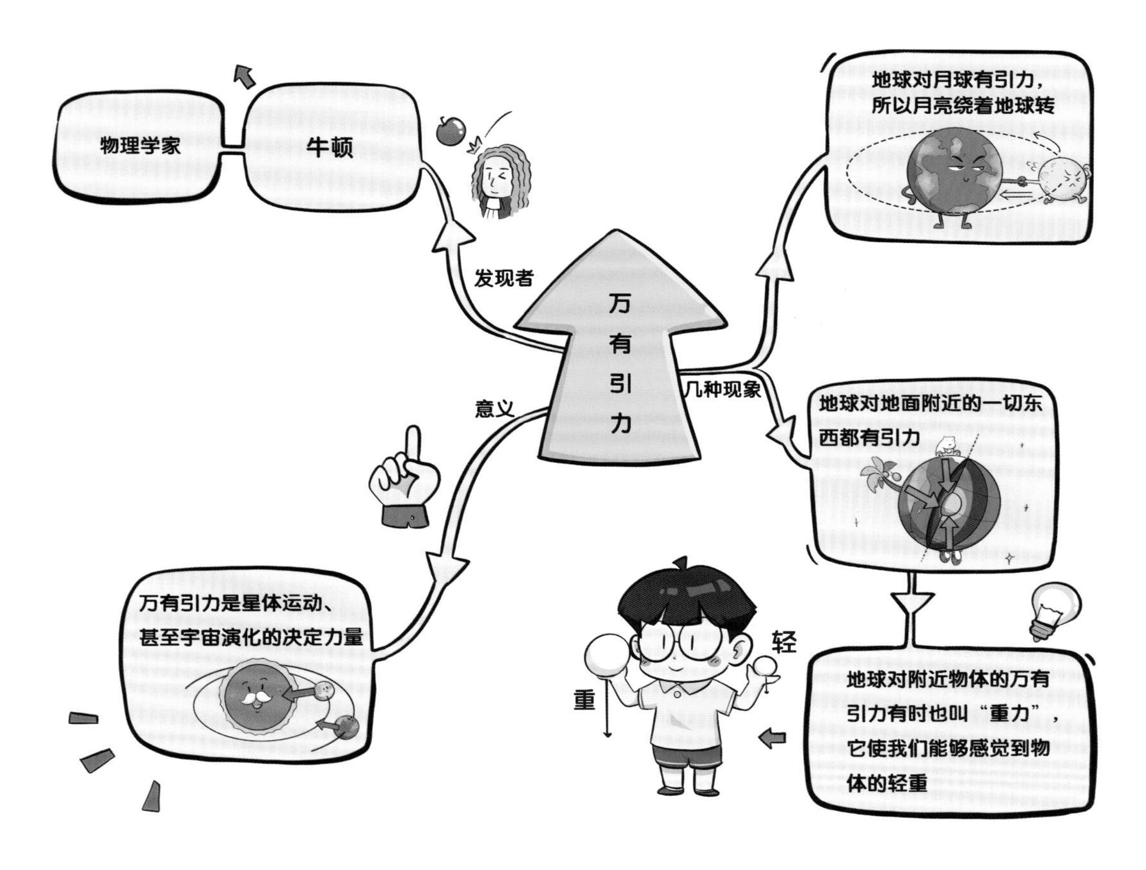

思考题

小朋友们，问题来喽！想一想，太阳对地球有引力，地球对苹果有引力，那猜猜看，天天和小艾之间，你和朋友之间有这种万有引力吗？你能感觉到这种引力吗？

请你们先尝试着解答这个问题，然后再跟本书最后附录中的答案对照一下，看看你们是不是答得八九不离十呢？完成这道思考题，你们就能获得第一枚徽章“万有引力”啦！

说到徽章，小朋友们，请你们翻到书本的最后，有没有看到有一页纸印有徽章图标？为了奖励你们积极探索、努力学习的精神，本套书每一本分册的最后都会有一页专门印有各种名称的徽章图标，你们每学习完一个章节的内容，就可以获得一枚相应的奖励徽章，每获得一枚徽章，你们就向成为“小小物理学家”迈进了一步。加油哟！相信你们一定可以做得到！

无处不在的力

天天，快点走啊！
小艾，你的力气怎么……怎么这么大！

小牛顿物理游乐园
力
这……这是谁?
到啦！

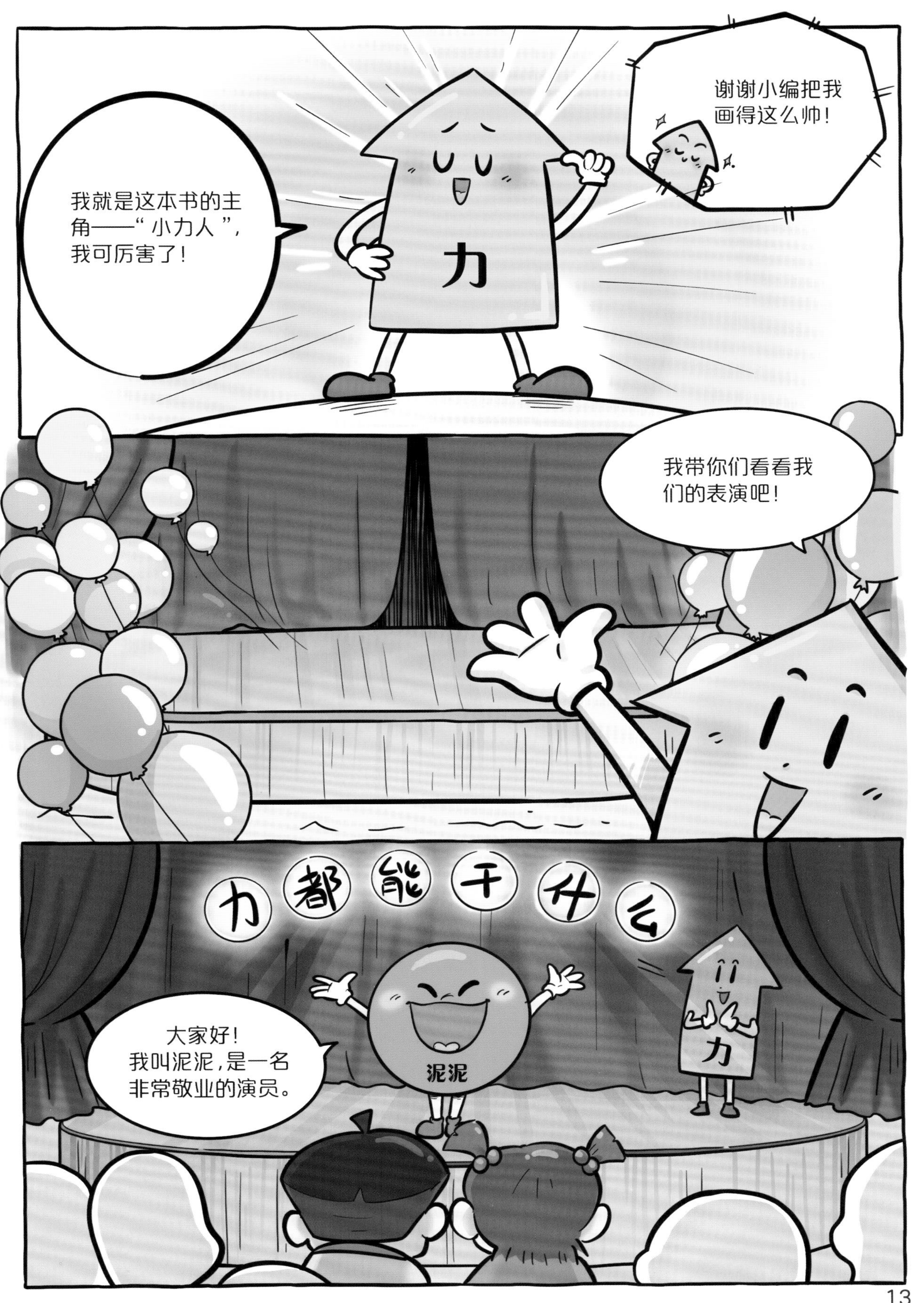

我就是这本书的主角——“小力人”，我可厉害了！
谢谢小编把我画得这么帅！
力
我带你们看看我们的表演吧！
力都能干什么
大家好！我叫泥泥，是一名非常敬业的演员。
泥泥
力

第一个节目
两力夹击
哎呀呀！
大家快看，向里的压力使泥泥变扁了！
力
力
泥泥
力
慢…悠…悠…悠…
第二个节目
动力前进
泥泥
超速危险啊！
泥泥

大家看！
在光滑的冰面上泥泥受到向前的推力，前进的速度变快了。
力
除了这些，你还有什么本领呢？
你又想把我怎么样？
力
泥泥
你们猜猜看！小读者们别只是旁观哟！
也来想想，我还能干什么，我马上就给大家表演！

第三个节目
学拉面条
再拉就要断了呀！
！！
力
泥泥
力
看，泥泥受到向外的拉力变长了。
力

救命啊！速度太快了！
向前高速运动
第四个节目
紧急刹车
泥泥
力
在光滑的冰面上
急速前进的泥泥

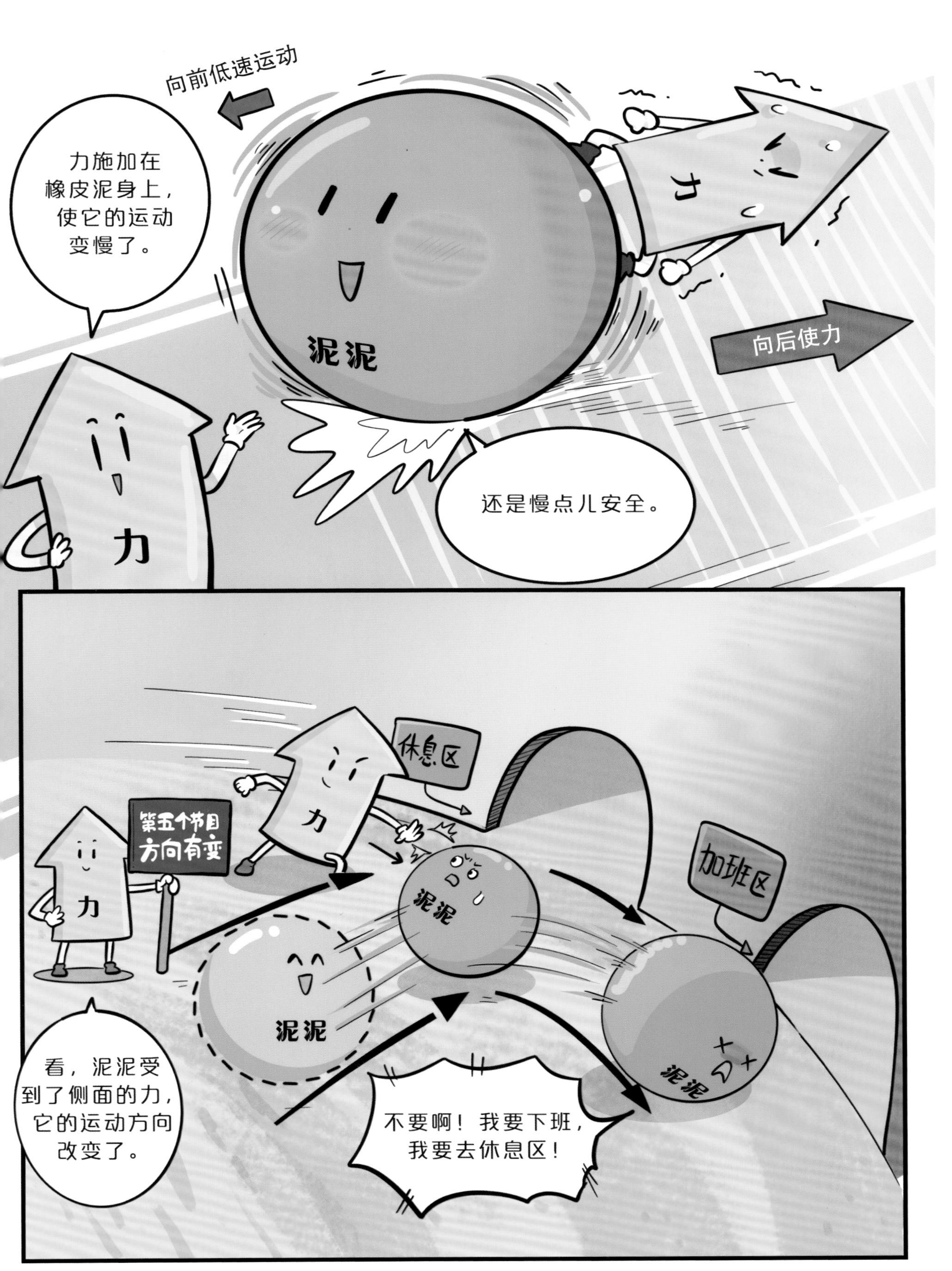
向前低速运动
力施加在橡皮泥身上，使它的运动变慢了。
向后使力
力
泥泥
还是慢点儿安全。
力
第五个节目
方向有变
休息区
加班区
力
力
泥泥
泥泥
泥泥
看，泥泥受到了侧面的力，它的运动方向改变了。
不要啊！我要下班，我要去休息区！

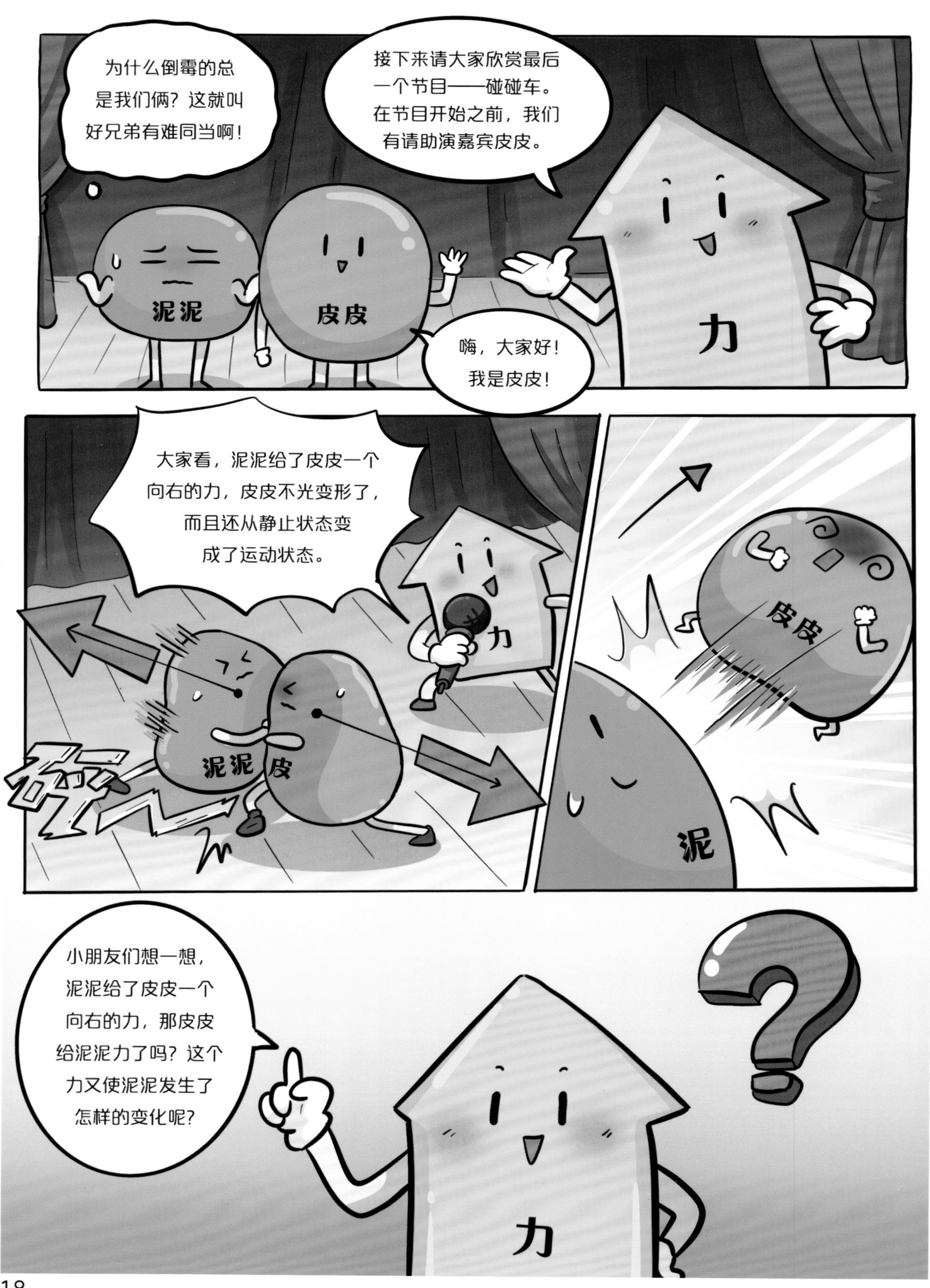
为什么倒霉的总是我们俩？这就叫好兄弟有难同当啊！
接下来请大家欣赏最后一个节目——碰碰车。在节目开始之前，我们有请助演嘉宾皮皮。
泥泥
皮皮
力
嗨，大家好！我是皮皮！
大家看，泥泥给了皮皮一个向右的力，皮皮不光变形了，而且还从静止状态变成了运动状态。
力
泥泥
皮
皮皮
泥
小朋友们想一想，泥泥给了皮皮一个向右的力，那皮皮给泥泥力了吗？这个力又使泥泥发生了怎样的变化呢？
力

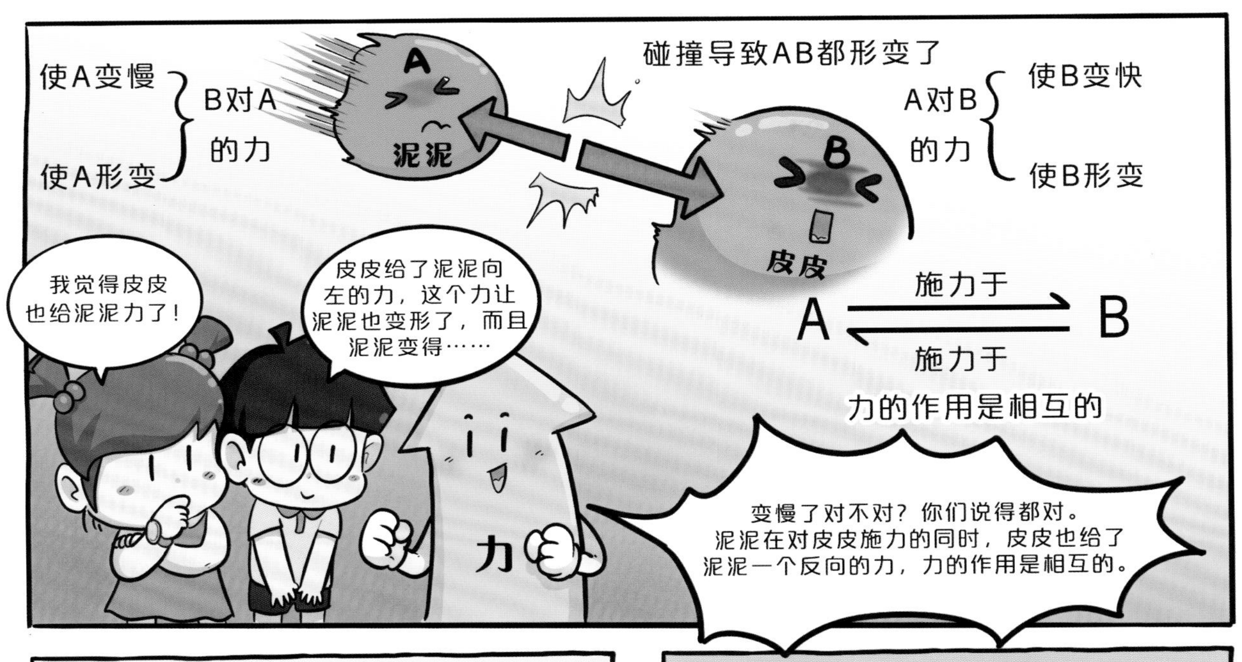
使A变慢
使A形变
B对A
的力
A
泥泥
碰撞导致AB都形变了
A对B
的力
使B变快
使B形变
B
皮皮
我觉得皮皮也给泥泥力了！
皮皮给了泥泥向左的力，这个力让泥泥也变形了，而且泥泥变得……
施力于
A
B
施力于
力的作用是相互的
力
变慢了对不对？你们说得都对。泥泥在对皮皮施力的同时，皮皮也给了泥泥一个反向的力，力的作用是相互的。

哇，看来力确实很厉害啊！

天天，时候不早了，我们该回家了。

乐
我们要回家了，以后我还想来！
力
欢迎欢迎！回家后，你们可要多找找身边的“力”呀！

我们“力”可是无处不在的哟！
力

知识大汇总

小朋友们，通过这一节的学习，我们初步了解了力，现在我们一起来总结复习一下吧！

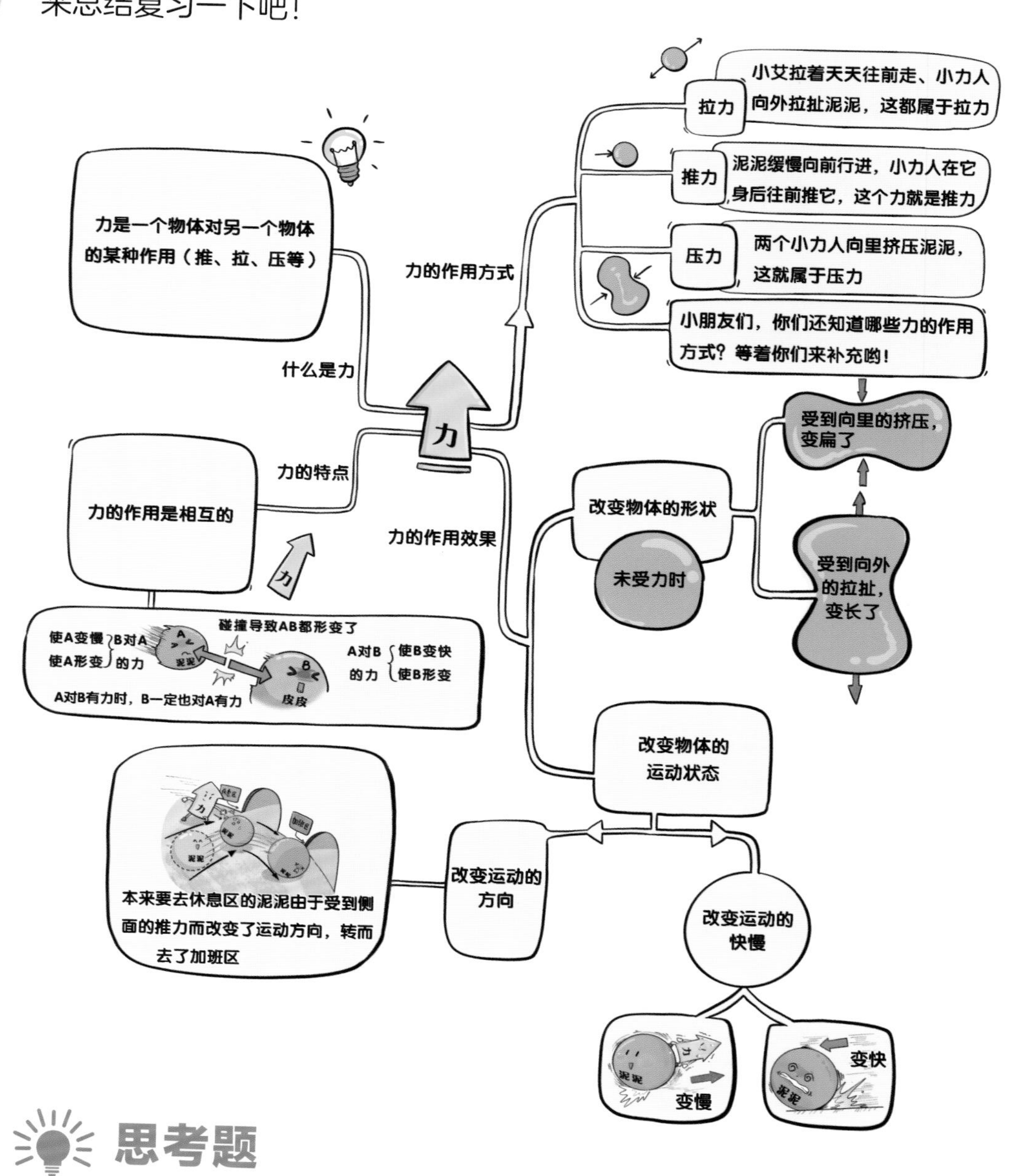

思考题

小朋友们，在日常生活中你们还发现了哪些力？说说看。完成这道思考题，你们就能获得第二枚徽章“无处不在的力”了，加油！

跷跷板的秘密

（杠杆）

不玩了！不玩了！
这都是小孩子才玩的！
哈哈！你是赢不了我，
着急了吧！
沉甸甸的书包
大家猜一猜，天天为什么赢不了我？

跷跷板开始向我这边倾斜了，
大家说这是为什么呢？
咦？你那边怎么
开始往下降了？

小朋友们，天天这样做非常危险，
千万不要模仿哟！
哈哈！我赢了！
天天，小心啊！

一个小时后……
疼死了……不过……
为什么刚才我能赢呢?
是呀！我也好奇你为什么会赢。
你们提的这个问题
看似简单，
其实很深刻哟！
力

吓死我了，你怎么出现了，
这会儿你不是应该
在小牛顿物理游乐园么？
之前我说过，我们力
可是无处不在的。今天
你们的好奇心召唤出了我。
力
那你说说看，
今天我为什么能赢呢？
这是由于杠杆原理
造成的。
力
杠什么原理？

杠杆——就是在力的作用下，
可以绕固定点（支点）转动
的硬“杆”。
使杠杆逆时针
转动的力
使杠杆顺时针
转动的力
硬杆
支点
力
古希腊有个叫阿基米德
的人研究过这个问题，
小朋友们也可以自己
做一做下面的实验。
需要准备的实验道具
一把较硬的
刻度尺
一支铅笔
一些散碎橡皮
两个一样大一样重
的立方块橡皮泥
杠杆
支点
首先，
我们来造一个跷跷板，
要记住支点的位置哟！
不偏左也不偏右（平衡）
力

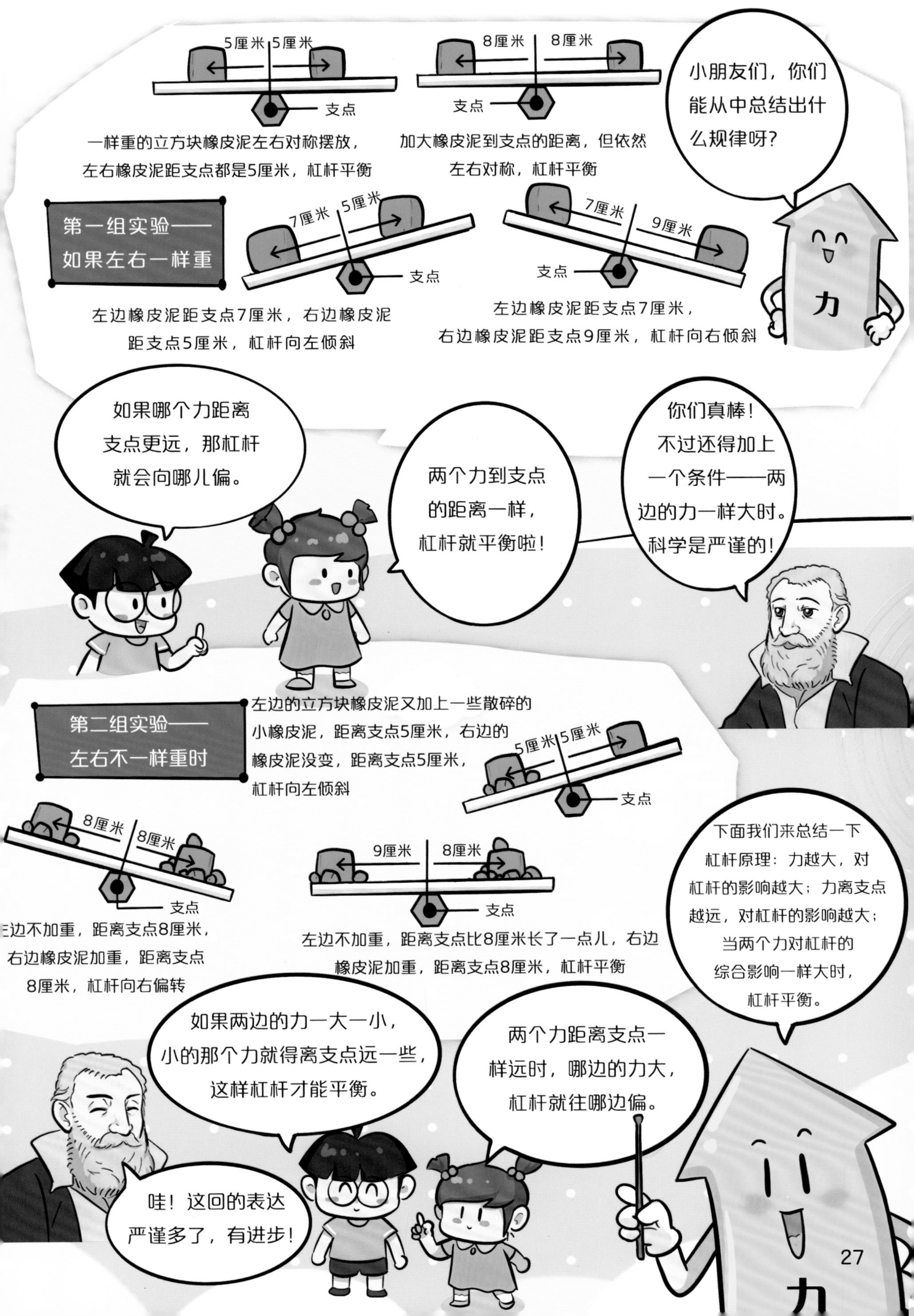
5厘米
5厘米
支点
一样重的立方块橡皮泥左右对称摆放，左右橡皮泥距支点都是5厘米，杠杆平衡
8厘米
8厘米
支点
加大橡皮泥到支点的距离，但依然左右对称，杠杆平衡
小朋友们，你们能从中总结出什么规律呀？
第一组实验——如果左右一样重
7厘米
5厘米
支点
左边橡皮泥距支点7厘米，右边橡皮泥距支点5厘米，杠杆向左倾斜
7厘米
9厘米
支点
左边橡皮泥距支点7厘米，右边橡皮泥距支点9厘米，杠杆向右倾斜
力
如果哪个力距离支点更远，那杠杆就会向哪儿偏。
两个力到支点的距离一样，杠杆就平衡啦！
你们真棒！不过还得加上一个条件——两边的力一样大时。科学是严谨的！
第二组实验——左右不一样重时
左边的立方块橡皮泥又加上一些散碎的小橡皮泥，距离支点5厘米，右边的橡皮泥没变，距离支点5厘米，杠杆向左倾斜
5厘米
5厘米
支点
8厘米
8厘米
支点
左边不加重，距离支点8厘米，右边橡皮泥加重，距离支点8厘米，杠杆向右偏转
9厘米
8厘米
支点
左边不加重，距离支点比8厘米长了一点儿，右边橡皮泥加重，距离支点8厘米，杠杆平衡
下面我们来总结一下杠杆原理：力越大，对杠杆的影响越大；力离支点越远，对杠杆的影响越大；当两个力对杠杆的综合影响一样大时，杠杆平衡。
如果两边的力一大一小，小的那个力就得离支点远一些，这样杠杆才能平衡。
两个力距离支点一样远时，哪边的力大，杠杆就往哪边偏。
哇！这回的表达严谨多了，有进步！
力

知识大汇总

小朋友们，通过这一节的学习，我们认识了杠杆，它在我们生活中的应用十分广泛，极大地方便和丰富了我们的生活，为我们提供了便利。

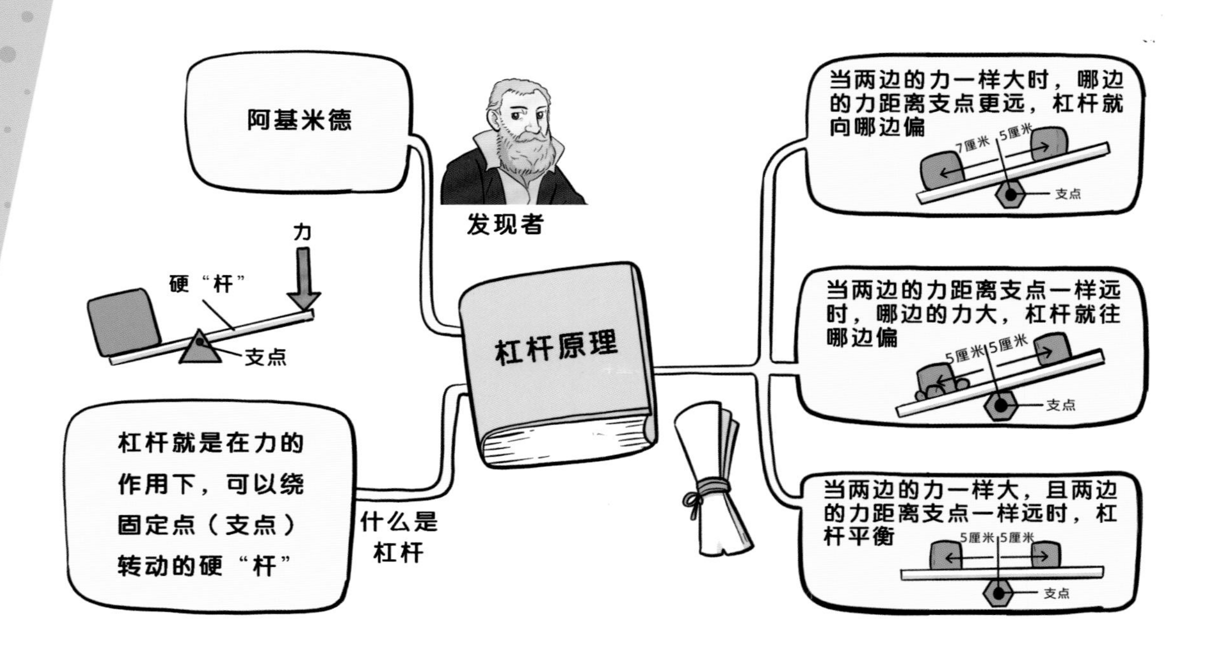

思考题

1. 小朋友们想一想，生活中有哪些东西算是杠杆呢？（提示：杠杆不一定是笔直的杆，支点也不一定在杠杆的中间）

2. 想一想，为什么不将门把手安装在靠近门轴的位置？

完成这两道思考题后，你们就能获得第三枚徽章“杠杆的妙用”啦！

个头小、作用大的滑轮

天天和小艾对杠杆
有些不满意，于是
他们决定再去一次
小牛顿物理游乐园。
小牛顿
物理游乐园

力
我们发现杠杆有个
很大的缺点。
你好，小力人，
我们又来了。
哦！什么缺点？进来
咱们一起研究研究。

我们发现，要
想撬动爸爸的
笔记本电脑，
只需要一根铅笔
就足够了。
但是要想撬动沙发，就得用
像拖把那么长的杠杆才行！

危险！请勿模仿！

如果我们想抬起一头大象，那岂不是需要一根超级长的杠杆啊！
是啊！有没有更好的东西来搬动这些大家伙呢？
力
有！我给你们介绍一位厉害的家伙……有请……滑轮！
力
大家好！我是滑轮，别看我小，我可有力气了。
在开始表演前，我还要请出我的助手。
滑轮的助手——绳子
外壳
轴
(轮可绕轴转动)
有凹槽的转轮

滑轮表演第一场——定滑轮
滑轮位置固定
人拉绳的力
绳拉物的力
救命啊！我恐高！
朝下拉更顺手
但这也不省力呀！怎么能拉得起一头大象呢？
确实不省力，但它能让你朝着你顺手的方向使力。
滑轮表演第二场——省力的动滑轮
拉动绳子，滑轮和物体一起向上运动
1
2
这可比刚才轻松不少啊！
为什么这次这么轻松呢？
你们看，有两处绳子把滑轮和物体向上拉，所以每处绳子只分担一半的力，对不对？
没错！这时另一侧的绳子帮着一起拉，所以只需要用一半的力。
力
力
力
力

真是个绝妙的方法呀！不过如果只省一半的力，我们还是抬不起一头大象呀！
你们等一等，我去找几个朋友来，压轴好戏马上开始！
力

滑轮表演第三场——超级省力的滑轮组
这次又轻松了不少，我感觉现在我能提起一头大象！
力
让我数数……1、2、3……
这个组合还真有点儿复杂啊！
小朋友们，你们也来数一数，这次需要用多大的力才能提起重物呢？
力
我们只需要拉绳子的一端，而绳子上却有6处在一起拉重物。
所以拉的时候只需要使出六分之一的力就好啦！
再多加一些滑轮，我们就能提起大象啦！
力

知识大汇总

小朋友们，通过这一节的学习，我们了解了小滑轮的大作用，有没有觉得咱们人类可真是厉害，发明了这么多实用的工具。

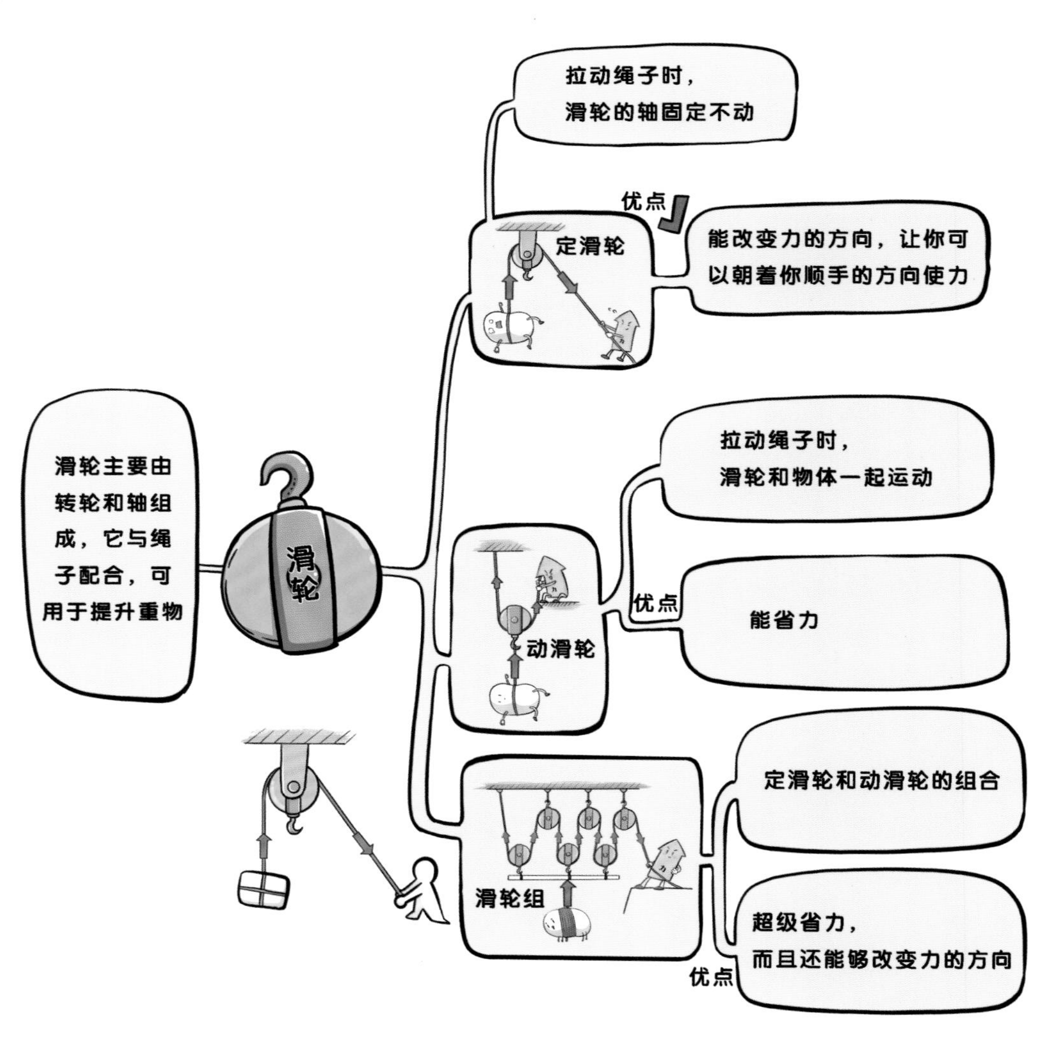

思考题

小朋友们，请你们试着画出一个能提起一头小象的滑轮组吧。这个任务稍微有点儿难，必要时，可以邀请你们的爸爸妈妈一起来完成这个任务，完成后，就可以获得第四枚徽章“滑轮巧省力”啦！

天生神力大吊车

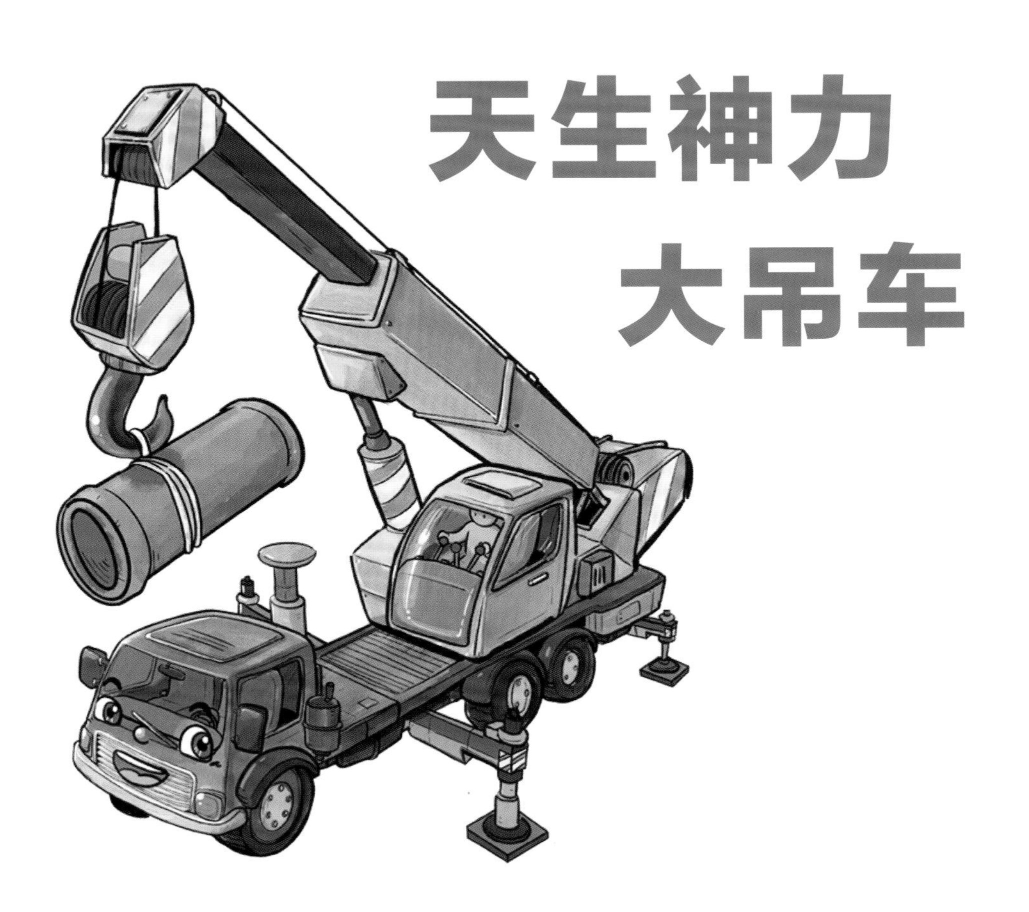

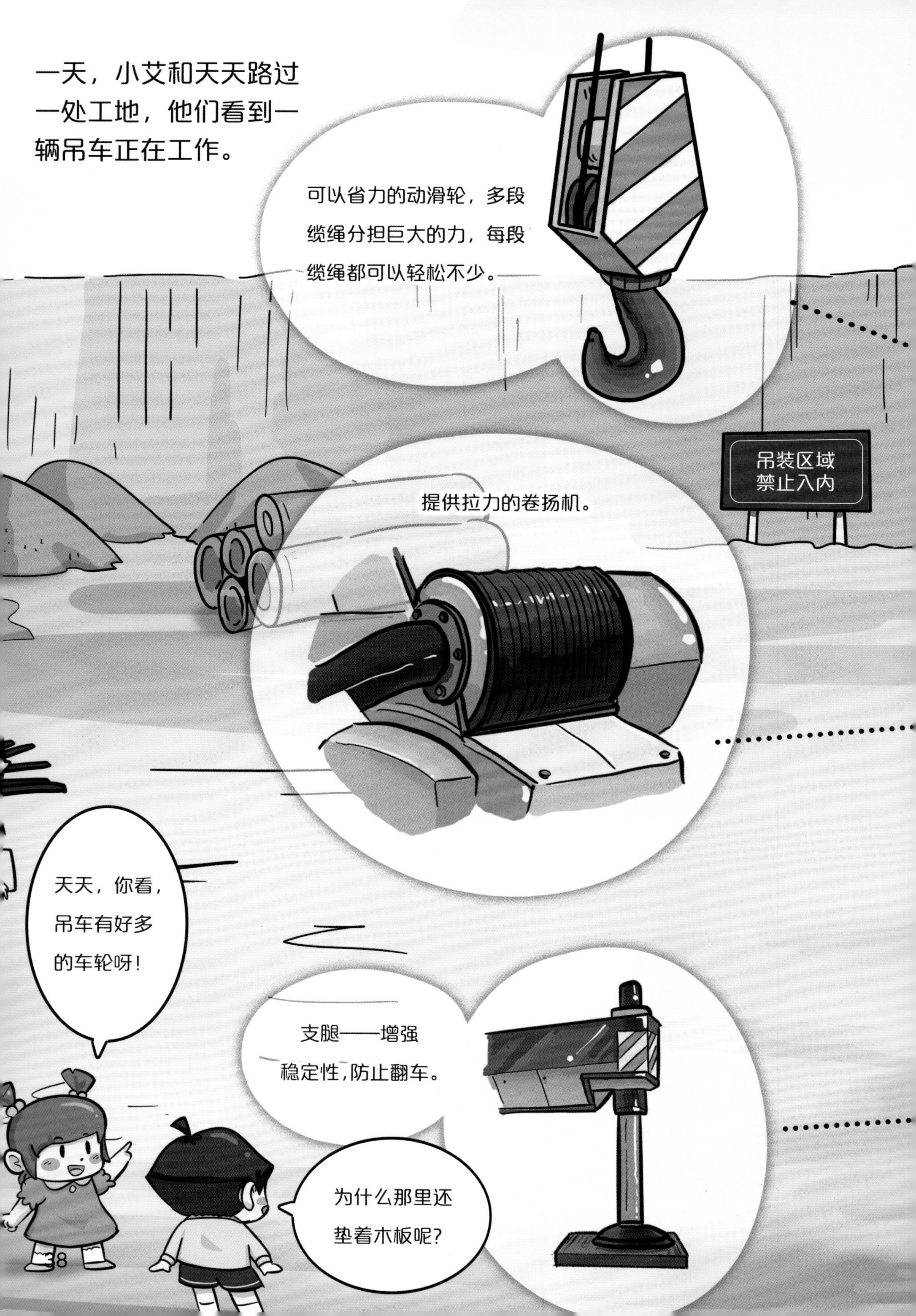
一天，小艾和天天路过一处工地，他们看到一辆吊车正在工作。
可以省力的动滑轮，多段缆绳分担巨大的力，每段缆绳都可以轻松不少。
吊装区域禁止入内
提供拉力的卷扬机。
天天，你看，吊车有好多的车轮呀！
支腿——增强稳定性，防止翻车。
为什么那里还垫着木板呢？

吊车的大臂是
杠杆。
液压推杆，至于什么
是液压，本书后面章
节会讲。

知识大汇总

小朋友们，你们知道吗，除了大吊车，杠杆和滑轮还用在了很多机械中。

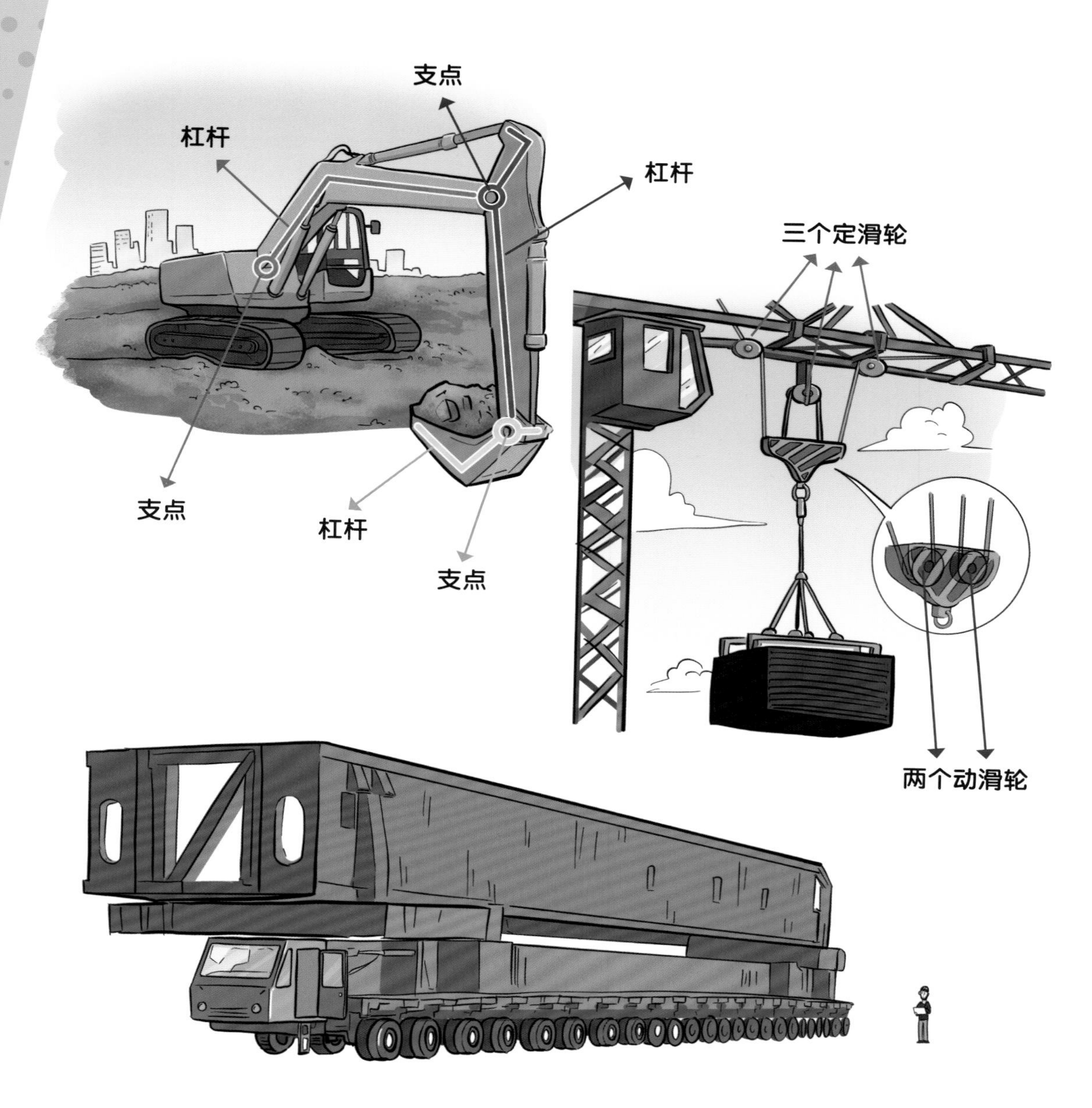

这是一辆比大吊车轮子还多的车，为什么要装这么多轮子呢？咱们接着往下看吧！

压力太大怎么办

（压强）

天天，你说大吊车为什么
会有那么多的车轮啊？
我也正在想这件事儿，
到底是什么原因呢？
而且你注意到没有，
支脚的下面还垫着木板呢！
力
我来啦！

我们来做个小实验吧。抬起你们的脚后跟，只用脚尖站着。
哎呀！有点儿站不稳。
小菜一碟！不过站一小会儿脚尖就疼了。
那为什么正常站立脚并不疼，而用脚尖站立脚却会疼呢？
因为……用脚尖站立，压力更大！
对，压力变大了。
不管是正常站还是用脚尖站，你都是用全部的体重压着地面。
是哦！那为什么用脚尖站会疼呢？
你的体重没有变，所以两次的压力是一样大的。
力
力
力

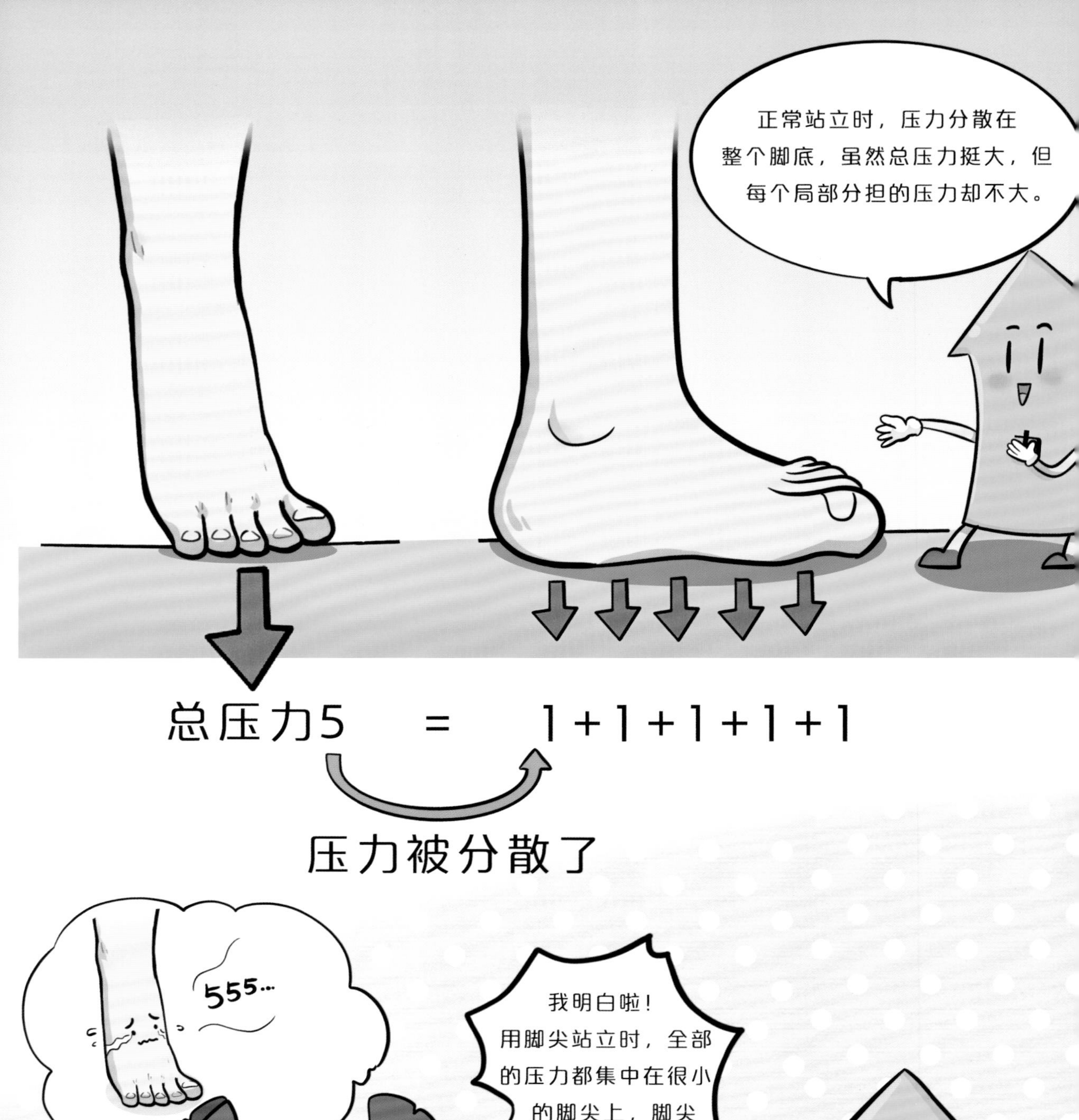
正常站立时，压力分散在
整个脚底，虽然总压力挺大，但
每个局部分担的压力却不大。
总压力5 = 1+1+1+1+1
压力被分散了

555…
我明白啦！
用脚尖站立时，全部
的压力都集中在很小
的脚尖上，脚尖
当然会疼了。
说得没错！
那现在再想一想，
为什么在吊车支脚的
位置要垫上木板呢？
力

支脚面积小，压力较
集中，地面凹陷深
木板面积大，压力被
分散，地面凹陷浅
吊车支脚面积小，木板面积大，压力被分散了
脚面积小
滑雪板面积大
压力被分散了
木板可以把压力分散开，防止地面被压坏，就像又宽又长的滑雪板。
那么为什么又会有那么多的车轮呢？
力
如果车轮太少的话，很大的压力就会集中在很小的面积上，估计轮胎会被压爆吧！就像用脚尖站立会很疼一样。
完全正确！让咱们说得更专业一点儿：当压力分散在很大的面上时，每个局部都会很轻松，这时我们可以说“压强”较小。
当一样大的压力集中在很小的面上时，每个局部就会很“疼”，这时我们可以说“压强”较大。
力

知识大汇总

在这一章节中，我们又接触到两个新名词——压力和压强，现在我们就来系统地归纳总结一下吧！

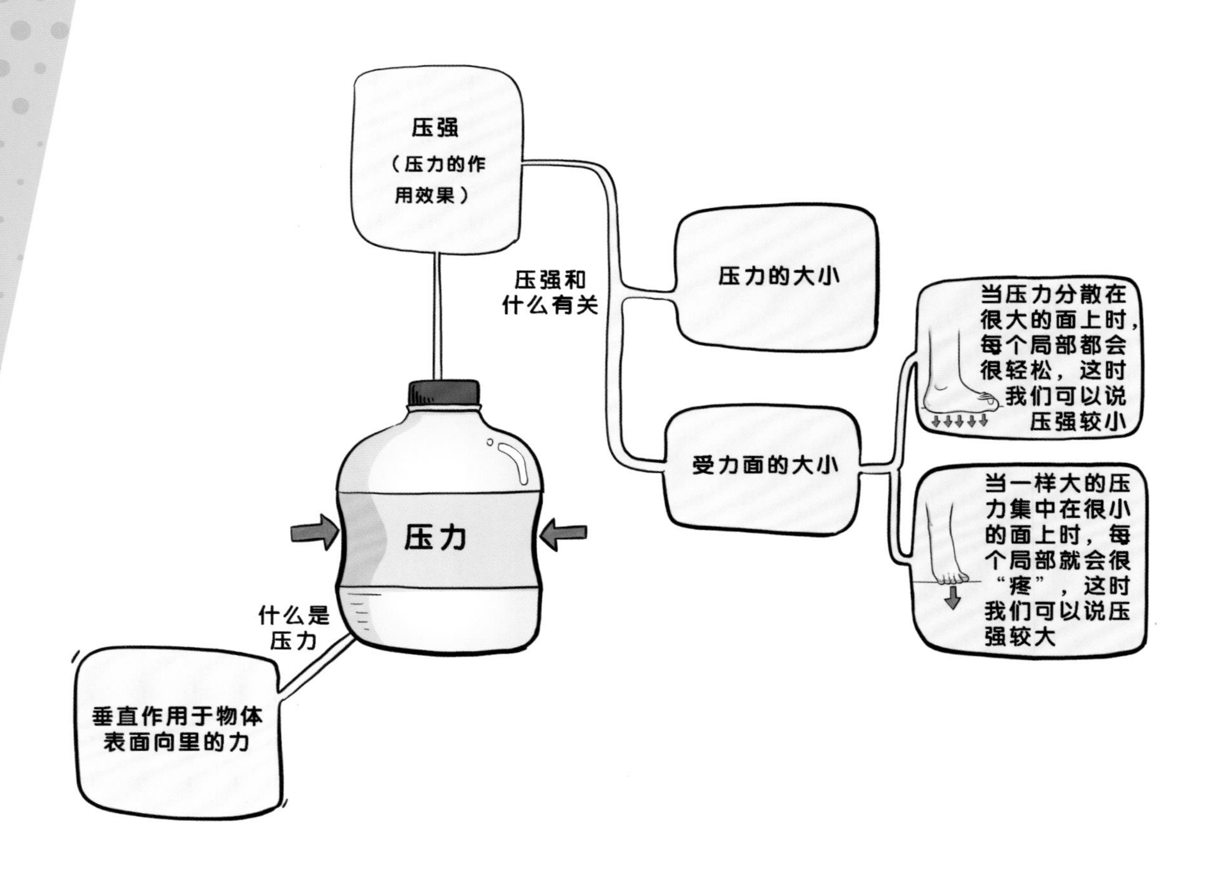

思考题

小朋友们想想看，我们的生活中有哪些东西是为了增大压强而存在的，又有哪些东西是为了减小压强而存在的？解答出这道题，就可以获得第五枚徽章“压力和压强”啦！

在泳池里学的可不只是游泳（液压）

小艾和天天又来到了
小牛顿物理游乐园，
没想到这里竟然还有
一个游泳池……
力

每次站在水里
都会感觉有点儿胸闷，
这是为什么呀？
那是因为你该
多运动啦！
这是因为水压的缘故。
力

水可以向下压着池底，但水怎么能产生平着的压力呢？
水压？是不是就是水的压力？
因为水是液体，可以朝四面八方流动，所以就会对四面八方都产生压力。
力
四面八方？水也能产生向上的压力么？
咱们可以做一个简单的实验来验证一下。
力

将软塑料瓶装满水，拧紧瓶盖，用力按压。注意：力不要太大，瓶口不要对着人。

如果在软塑料瓶上扎一些小洞，实验会更炫酷哟！
（本实验需要有家长陪同，安全第一，小心尖锐物体。）

我还没说，你们是
怎么知道的呀？
哈哈，我练潜水时，
感觉好像就是这样的。
力
我是猜的……越深，
压着你的水就越多、
越重，所以水压
也就越大。
不光是水哟，其他液体也能
产生各个方向的压力，
这就是“液压”。
力
你们太棒了，
物理的精髓就在
于实践和推理。
力
实践
小能手
推理
小达人

水对船向上的浮力
船向下的重力
听游泳老师说，
水中还有一种力，
叫“浮力”，对吧？
是的，浮力是水给我们
的一种向上的力，否则我们
就会因为重力而下沉。
力

那浮力是从哪来的呢？
水会给物体各个方向的压力，而这些水压合起来的效果就是将物体向上托，我们把这种向上托的力量叫作“浮力”，因为它能使物体浮起来。
浮力
合起来的效果
各处水的压力
力
东西浮起来是因为受到了浮力，那浮不起来的东西是不是就没有受到浮力呢？

绳子拉着
重物
浮力
合起来的效果
各方向的水压
左右的水压抵消了，
但上下水压抵消不了，物体
上表面所受的向下水压较小，而
下表面所受的向上水压较大，所
以合起来的效果就是水将物体
向上托，这就是浮力。
力
费力托着
一样的石块，水里托着更轻松了
在水里托重物
更轻松一些，肯定是
浮力在帮忙！
真不愧是实践
小能手呀！
力

知识大汇总

在这一章节中，我们学习了液压和浮力，小朋友们，生活中处处蕴含着知识，还是那句话，一定要用一双好奇的眼睛来看世界。

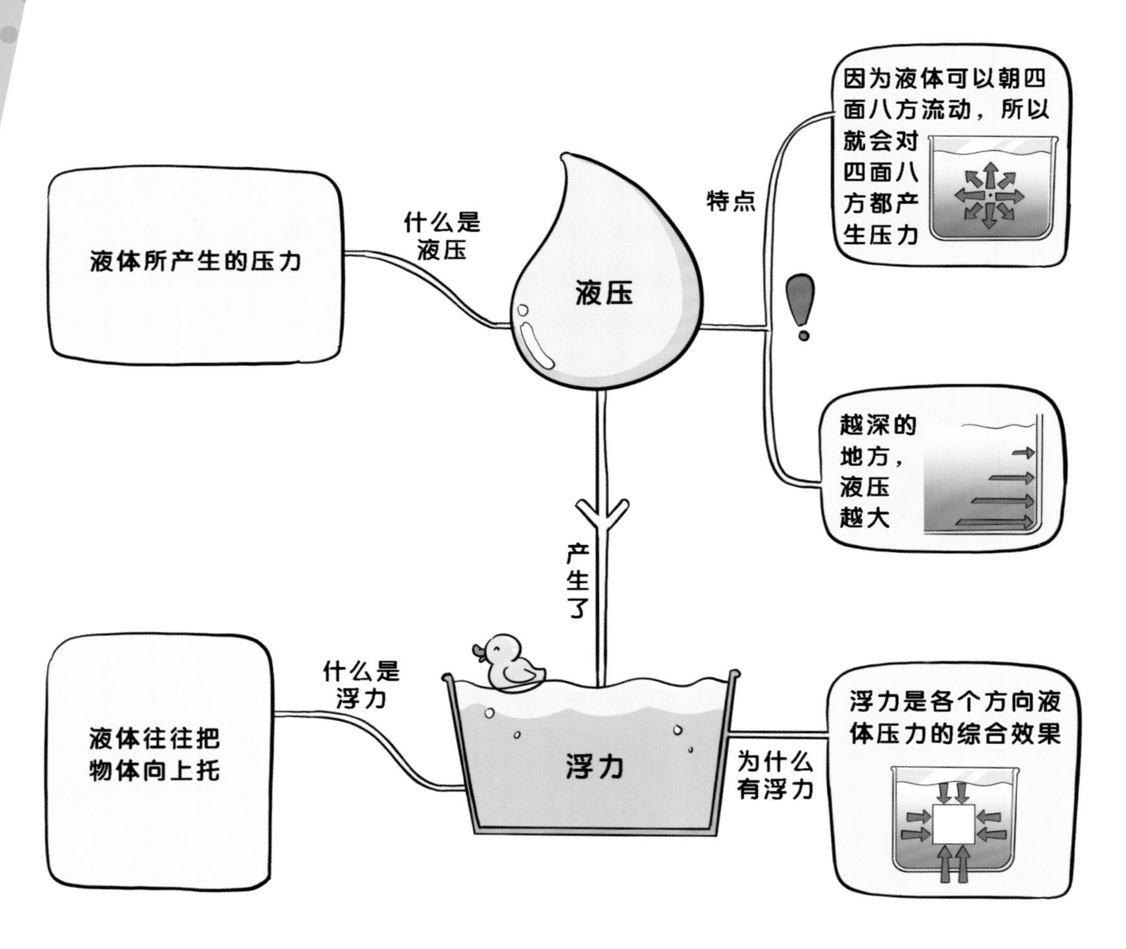

思考题

有些东西明明受到了向上的浮力，可是却下沉了，想想看这是为什么？完成这道思考题，就可以获得第六枚徽章“液压和浮力”了。

看不见的巨大力量
（气压）

家里有三种挂钩，它们的正面长得差不多，
但背面却完全不同，这激起了小艾和天天的好奇。
黏力
黏胶式挂钩——黏力
磁力
磁铁（吸铁石）
磁吸式挂钩——磁力
吸盘式挂钩——?
什么力?
光溜溜
这两个我认识，一个是靠胶黏剂牢牢地粘在墙上，一个是用磁铁吸在冰箱门上，但……
但第三个挂钩怎么光溜溜的？它是靠什么贴在墙上的呢？
当然是靠气体压力呀！地球表面裹着一层厚厚的气体，也就是空气。
力
关于空气，你们都知道些什么？
空气

如果没有空气，
我们就无法呼吸，
潜水时就是如此。
空气是透明的，
我们看不见空气。
可是空气那么轻，
哪来的压力呀？
你可以向手掌吹气，这样就
能感受到气体压力啦！
力
真的有气压啊！
难道这个吸盘式
挂钩必须要一直吹
着它，才能让它
贴在墙上么？
那倒不用，因为
静止不动的空气
也有很强的压力。
力

静止的空气也有很强的气压？那我们岂不是要被压扁了？
因为我们体内也有向外的压力，内外压力抵消，因此我们才没有感觉到这股压力。下面咱们来做个实验吧！
力
一个马桶搋（chuāi）子
轻轻放在光洁的地面上
用力下压，挤出内部空气
往上拔拔看
小朋友们做这个实验时，一定要注意安全哟！

奇怪了，地板好像把橡皮帽吸住了！
可是地板和橡皮帽都没有胶黏剂呀？
外部气压较大
内部气压较小
其实不是"吸"住的，而是被空气"压"住的。橡皮帽内部的空气被挤出去了，导致内部气压较小，外部较大的气压就把橡皮帽压在地上啦！你们瞧，空气的压力是不是很大？
力

哈哈！
它就是个小号的马桶搋子！
没错！
就是强大的气压把它压在墙上的。
我好像明白那个光溜溜的挂钩为什么能贴在墙上了！得挤掉橡胶盘和墙壁之间的空气对不对？
力

知识大汇总

小朋友们，你们家里有没有这种吸盘式挂钩呢？赶快找出来做做实验吧，去寻找一下这种神秘的力量——气压。

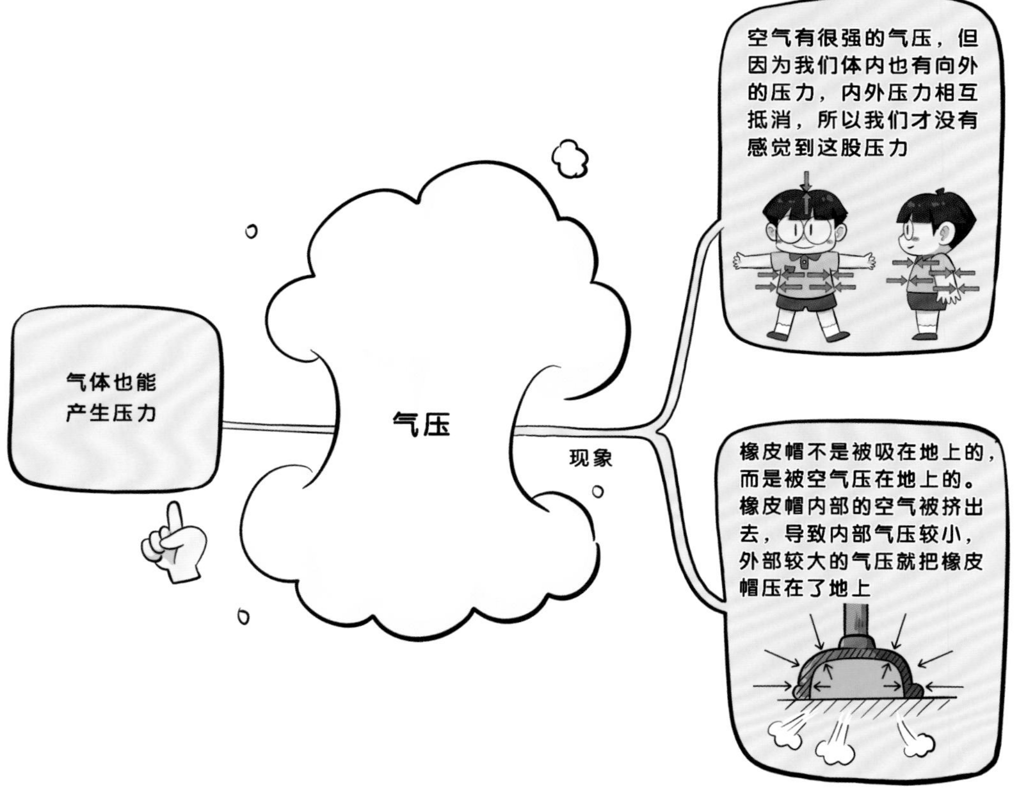

思考题

1. 空气压力如此强大，怎样做才能用很小的力就能让马桶搋子离开地面呢？（提示：想一想我们是怎么让马桶搋子牢牢地贴在地面上的。）

2. 之前我们说过液体中有浮力，那么空气中也有浮力吗？你认为有或者没有，都请说说你的理由。

完成这两道思考题，就可以获得第七枚徽章“气体压力”啦！

伟大的力学成就

超大挖掘机
工程力学——我们能驱使巨大的机器，以一抵万

综合各种力学，
我们能冲出地球，
探索宇宙
上百吨重的飞机，
竟然被轻轻的空气托起
空气动力学——我们
能利用空气之力，
翱翔于蓝天
最深海底的压强比被大象踩还大400倍，
而深潜器却安然无恙
深潜器
结构力学——我们
能抵抗超强水压，
探索万米深海

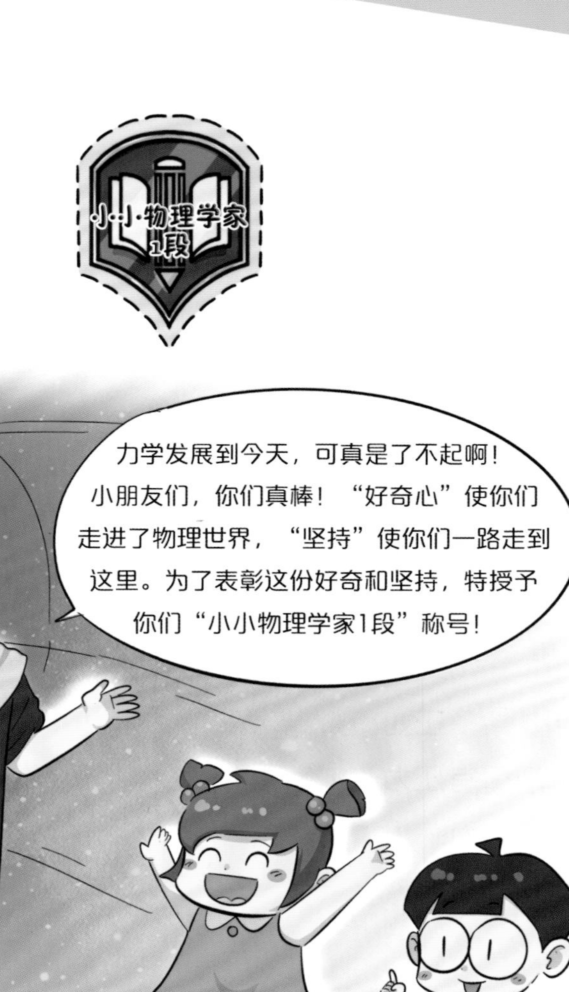
小小物理学家
1段
力学发展到今天，可真是了不起啊！
小朋友们，你们真棒！“好奇心”使你们走进了物理世界，“坚持”使你们一路走到这里。为了表彰这份好奇和坚持，特授予你们“小小物理学家1段”称号！
力
物理学中的力学，使我们人类拥有了超人般的能力。
太棒了！我们是小小物理学家啦！
1段，才刚刚1段，小小物理学家也是要严谨的！

思考题答案

引言　成为小小物理学家的第一步——保持好奇

答案：万物之间都有引力，你和你的朋友之间也有这种引力，但由于你和朋友都太轻了（相比于地球来说），因此你和朋友之间的引力极其微弱，你应该是不可能感觉到它的。

01　无处不在的力

答案：正如小力人所说，力是无处不在的，比如物体放在地面上，物体对地面有压力；人推东西时，人手对物体有推力；人拉物体时，人手对物体有拉力。（本题答案不唯一）

02　跷跷板的秘密（杠杆）

答案：1. 生活中有很多东西都可以作为杠杆，比如镊子、钳子、剪刀、开瓶器、跷跷板、杆秤，它们都是可以绕固定点转动的硬“杆”。（本题答案不唯一）

2. 可以绕“门轴”转动的门是一种杠杆。由于力离支点越远，对杠杆的影响就越大，因此门把手离门轴越远，开门越轻松；反之，门把手离门轴越近，开门越费劲。

03　个头小、作用大的滑轮

答案：想只用很小的力就提起很重的东西，那得多请些滑轮来帮忙才行。（本题答案不唯一）

04　压力太大怎么办（压强）

答案：可以通过减小受力面来增大压强，比如针尖，力可能不大，但由于受力面很小，因此可以产生很大的压强。反之，可以通过增大受力面来减小压强，比如滑雪板就是总体压力很大，但由于受力面很大，所以压强并不大，这样可以防止人们陷进厚厚的雪里。（本题答案不唯一）

05　在泳池里学的可不只是游泳（液压）

答案：在水中，下沉的物体并不是没有受到向上的浮力，而是因为它向下的重力比浮力还大，所以才会下沉。

06　看不见的巨大力量（气压）

答案：1. 只需要让马桶搋子和地面间产生一点点缝隙，空气就会流进马桶搋子的橡皮帽内，当里面和外面的气压一样时，拔起马桶搋子就很容易啦！

2. 空气中也有浮力，但比水中的要小很多，一般感觉不到。如果是那种个头很大，但又不算太重的东西，空气浮力的力量就能展现出来啦！比如氢气球、热气球。

空气小百科：空气是地球周围的混合气体，空气里大部分是氮气（可以帮助我们长时间保存粮食），也有不少氧气（这是我们呼吸所必需的），以及多种其他气体。

专业名词解释

力——物体和物体之间的相互作用，比如万有引力、推力、拉力、压力等。

力的作用效果——改变受力物体的形状或改变受力物体的运动快慢、运动方向。

力的作用是相互的——如果物体 A 给物体 B 一个力，那物体 B 也会给物体 A 一个反向的力。比如手提书包，手给书包一个向上的力，使书包不掉落；同时书包也会给手一个向下的力，把手勒红甚至勒疼。

杠杆——可绕固定点（支点）转动的硬“杆”（也不一定是杆状的）。

杠杆原理——力越大，对杠杆的影响就越大；力离支点越远，对杠杆的影响就越大。

滑轮——主要由转轮和绳子构成，有转轴固定的定滑轮和转轴可以上下移动的动滑轮。

滑轮组——巧妙地将几个滑轮搭配组合起来，帮助人们吊起很重的东西。

压强——压力的作用效果，比如被针扎一下，压力可能不大，但压强（压力的作用效果）却很大!

减小压强的方法——我们可以通过增大受力面，分散压力，减小压强。

液压——液体（比如水）中也有压力和压强，液体压力可以向下，也可以向左或向右，甚至还可以向上。往往越深处，液压越大。

浮力——物体在液体（比如水）中，液体会给它一个向上的力，这个力想让物体浮起来，因此被称为“浮力”。

浮力的本质——浮力是各个方向的液体压力的合成，一般来说，向上的液压大于向下的液压，所以液体压力的综合效果向上。

气压——空气对我们也有压力和压强，而且不小哟!

万有引力

无处
不在
的力

杠杆的妙用

滑轮巧省力

压力
和
压强

液压和浮力

气体压力

小小物理学家
1段